WELPEN STARTER-BOX

7 | DAS RICHTIGE SPIELZEUG

Mit Spielzeugen können Sie toll mit Ihrem Hundekind spielen. Aber auch für die »Solo-Beschäftigung« des Welpen sind sie nützlich.

Auswahl des Spielzeugs:

▶ Die Größe des Spielzeugs muss zum Welpen passen. Vor allem darf es nicht zu klein sein, damit er es nicht verschlucken kann.

▶ Berücksichtigen Sie bei der Auswahl des Spielzeugs, ob Ihr Hundekind gern alles zerpflückt oder vielleicht eher zum Tragen des Teils neigt. Im ersten Fall sollte Spielzeug sehr robust sein. Im zweiten darf es auch etwas Weicheres sein.

Miteinander spielen:

▶ Für Ziehspiele eignen sich Ziehtaue besonders. Aber auch andere robuste Spielsachen sind oft der Hit.

▶ Bälle, Rascheltiere oder Tiere mit »Quietschi« können Sie spannend hinter Ihrem Körper verstecken und sie den Welpen erst nach ein paar Versuchen erwischen lassen.

Kauspielzeug:

▶ Kauspielzeug gibt es aus Nylon, Kunststoff oder speziellem Gummimaterial.

▶ Strukturen wie etwa Noppen massieren außerdem das Zahnfleisch und regen zum Kauen an.

GU   **Welpen
             Starter-Box**

...öhnen
...et!
...Bälle
...rchen
...lpe sie,
...nach

...Papier
...ollen
...iletten-
...n sor-
...paß!

...en
...Spiel-
nen-Quark-Brei füllen. Nach *zeuge und tauschen Sie die*
ein paar Stunden im Gefrier- *einzelnen alle paar Tage aus.*
schrank, ist der Welpe gut *So bleibt das Spielzeug inte-*
beschäftigt, sein »Eis« zu lut- *ressant. Kaputtes Spielzeug*
schen. Solch ein Hunde-Eis *am besten entsorgen.*

GU   📖 **Begleitbuch
             Seite 27**

DAS STEHT AUF DER ÜBUNGSKARTE

Damit Sie von Anfang an eine gute Bindung zu Ihrem Welpen aufbauen, finden Sie auf jeder Karte wichtige Informationen. Hier lesen Sie, was die einzelnen Kartenelemente bedeuten.

1 **Farbcode:** Die Übungskarten sind in sieben Kategorien unterteilt. Für jede Kategorie gibt es eine spezielle Farbe, mit der die Karten unterlegt und zum schnellen Erkennen auch am oberen Kartenrand markiert sind:

Ein sicheres Zuhause
Die richtige Ausstattung
Ausgewogene Ernährung
Rund um die Gesundheit
Bindung aufbauen
Wichtige Basics
Erfolgreiche Sozialisierung

2 **Nummer und Name der Übung:** Sie stehen jeweils auf der Vorderseite der Karte.

3 **Anleitung:** Der Text auf der Vorder- sowie Rückseite der Karte erläutert Schritt für Schritt, worauf Sie beim einzelnen Thema besonders achten müssen und wie Sie eine Übung richtig aufbauen.

4 **Verweis aufs Begleitbuch:** Auf der hier angegebenen Seite des Begleitbuchs finden Sie unter der Überschrift »Das sollten Sie wissen« weitere Informationen zum Verhalten des Welpen, nützliche Tipps und zusätzliche Trainingshinweise zu den einzelnen Übungen.

Ein tolles Team!

Kommt ein Welpe in die Familie, liegen span-
nende Wochen vor ihm und auch vor seinen
Menschen. Gegenseitiges Kennenlernen, Früh-
erziehung und eine optimale Versorgung stehen
auf dem Programm – und den Kleinen im Auge
behalten, wenn er neugierig durch sein neues
Zuhause wuselt. Es wird nicht langweilig!

EIN SICHERES ZUHAUSE

Im neuen Zuhause lauern die verschiedensten Gefahren auf den Welpen. Aber auch für Ihre Einrichtung und den Garten kann es gefährlich werden. Man glaubt oft gar nicht, wohin die drolligen Vierbeiner überall gelangen können. Hundekinder großer Rassen haben hier eine größere Reichweite als solche kleiner Rassen. Kleine Rassen schlüpfen dagegen eher mal durch Spalten. Dazu kommt, dass vor allem ein Welpe einer sehr kleinen Rasse, wie etwa ein Chihuahua oder ein Zwergpudel, sehr »zerbrechlich« ist. Da heißt es ganz besonders aufpassen, wenn man in der Wohnung unterwegs ist. Solch einen kleinen Kerl übersieht man nämlich sehr schnell.

Vorkehrungen treffen

Nicht alle Welpen sind gleich »umtriebig«. Manche sind in ihrem Entdeckerdrang kaum zu bremsen, probieren wirklich alles aus, andere wiederum sind hier »genügsamer«, beschränken sich auf ihre Spielsachen und erkunden alles nur mit Augen und Nase. Trotzdem kann die erste Zeit mit dem kuscheligen Hundekind durchaus anstrengend sein. Wenn dies Ihr erster Vierbeiner ist oder die Welpenzeit seines Vorgängers schon lange zurückliegt, sind Sie jetzt ständig gefordert aufzupassen, was der Welpe macht, ihn im Auge zu behalten, damit er sich nicht im Haus löst, und Sie müssen ihn womöglich auch nachts hinausbringen.

Doch Sie werden sehen, bald spielt sich der neue Alltag ein. Genießen Sie die Welpenzeit, denn sie ist ruckzuck vorbei. Vieles lässt sich vereinfachen, wenn Sie – am besten schon kurz bevor der Welpe einzieht – ein paar »Sicherheitsvorkehrungen« treffen. Gehen Sie in aller Ruhe durch Wohnung und Garten – zwischendurch vielleicht sogar auf allen vieren – und versetzen Sie sich dabei in Ihren Welpen, den zunächst fast alles Erreichbare interessiert. So finden Sie schnell Schwachstellen in Ihrem Zuhause und können sie bereits jetzt entschärfen. Damit vermeiden Sie späteren Stress für sich und auch für das neue Familienmitglied.

Konfrontationen vermeiden

Macht man solch eine Begehung von Wohnung und Garten nicht, kommt es zu vielen Situationen, in denen der Welpe mit »Nein« oder »Pfui« zurechtgewiesen wird. Denn je nach Ausprägung seines Entdeckerdrangs wird er sehr vieles tun, was er nicht darf. Oder es ist so, dass er mal getadelt wird, dann wieder nicht, weil Sie ihn nicht immer im Auge haben. Außerdem kann ihm dann wirklich etwas passieren. So kommt es für den Welpen in seinem neuen Zuhause und seine Menschen oft gleich zu etlichen eher negativen Erfahrungen, die er jedoch nur schwer einordnen kann. Vermeiden Sie deshalb schlechte Stimmung besser von vornherein. Denn dann steht der Entwicklung einer vertrauensvollen Bindung zwischen Ihrem Kleinen und Ihnen von Anfang an nichts im Weg.

FAMILIENRAT

► Am besten setzen sich alle Familienmitglieder zusammen und besprechen, dass jeder darauf achtet, seine Schuhe, sein Handy, Spielzeug und Ähnliches immer außerhalb der Reichweite des Welpen zu deponieren.

► Vorbeugen ist hier der richtige Weg. Der Welpe spürt den Ärger, falls der neue Schuh kaputt ist, kann aber nichts dafür. Geben Sie dem Kleinen keinen alten Schuh zum Spielen! Er kann alt und neu nicht unterscheiden.

DIE AUSSTATTUNG

Auch ein Hundekind braucht ein gewisses Equipment. Alles, was Sie für den Welpen brauchen, finden Sie in gut sortierten Zoofachgeschäften und bei Fachhändlern im Internet.

Rechtzeitig besorgen

Das Zubehör wie Futter- und Wassernapf, zwei Hundebetten und eventuell eine oder zwei Hundeboxen besorgen Sie am besten, bevor der Welpe einzieht. So können Sie in Ruhe aussuchen, und alles ist parat, wenn der Kleine kommt.
Auch Leine und Halsband brauchen Sie schon vorher, denn beides müssen Sie mitnehmen, wenn Sie den Kleinen abholen. Fragen Sie den Züchter nach aktueller Halsweite und Brustumfang des Welpen, damit Sie das passende Halsband oder Brustgeschirr kaufen können. Wichtig: Lassen Sie den Kleinen auf der Heimfahrt an der Leine, wenn Sie eine Pause machen. So kann er Ihnen nicht abhandenkommen.

Den Welpen registrieren lassen

Es gibt Haustierregister, bei denen Sie Ihren Welpen für alle Fälle registrieren lassen können (→ Adressen, Seite 46). Die Marke oder auch eine Adresskapsel, die Sie selbst mit Ihren Angaben versehen, lässt sich am Halsband befestigen.

Hundeboxen

Boxen aus textilem Material sind nur für Hunde geeignet, die nichts zerlegen. Aber sie sind praktisch für unterwegs. Gut geeignet für zu Hause ist eine Gitterbox. Der Welpe kann alles sehen, und sie lässt sich mit einer Decke rasch zur gemütlichen Höhle machen. Für das Auto kann man sich bei verschiedenen Firmen maßgenaue Boxen anfertigen lassen.

Der richtige Einsatz des Futterbeutels

Um das Hundekind für etwas, was es gut gemacht hat, im richtigen Moment mit kleinen, weichen Häppchen belohnen zu können, müssen diese griffbereit sein. Das geht am einfachsten mit einem Futterbeutel.

▶ **Chaos in der Tasche vermeiden.** Ohne einen solchen Futterbeutel sammeln sich in diversen Jacken- und Hosentaschen im Handumdrehen mehr oder weniger ansehnliche Happenreste an. Angefangen vom normalen Futterbröckchen über »versteinerte« Käsestückchen, matschige Softhappen bis hin zu ausgetrockneten Wurstresten oder Hühnchenfleisch. Die Fettflecken auf der Kleidung erinnern untrüglich daran. Vergisst man dann darüber hinaus, vor dem Waschen die Hosen- und Jackentaschen zu leeren, verteilen sich diese

Praktisch und hygienisch zugleich

◀ **Einfache Befestigung**

Mit dem Clip oder an der Schlaufe lässt sich der Futterbeutel unkompliziert am Gürtel befestigen. Sie können ihn aber auch wahlweise an die Jacken- oder Hosentasche klemmen.

Leicht zu öffnen ▶

Der Futterbeutel lässt sich einfach zuziehen und ebenso leicht öffnen. Füllen Sie ihn mit kleinen, am besten weichen Häppchen, die das Hundekind absolut unwiderstehlich findet.

äußerst unappetitlichen Reste schließlich auch noch in der gesamten Waschmaschine.

▶ **Die Lösung ist einfach.** Böse Überraschungen dieser Art lassen sich mit dem Futterbeutel ganz einfach vermeiden. Bequem und praktisch können Sie ihn problemlos an Ihrer Kleidung befestigen. Solange Sie nicht mit Ihrem Hundekind üben, bleibt der Beutel geschlossen. Beginnen Sie mit dem Üben, öffnen Sie ihn. Aber auch wenn der Beutel offen ist, fällt nichts heraus. Nach dem Üben sehen Sie auf einen Blick, was sich noch an Genießbarem im Futterbeutel befindet, und können all das, was besser nicht länger darin bleiben sollte, gleich entsorgen. Der Futterbeutel ist also ein sehr nützliches Utensil: praktisch, pflegeleicht und – ob Gürtel, Jacken- oder Hosentasche – überall einfach zu befestigen.

Gut zu reinigen

Das Innere des Futterbeutels ist abwaschbar. Braucht er eine Reinigung, stülpen Sie die Innenseite einfach nach außen. So können Sie ihn bequem abwaschen und abtrocknen.

Schnell zur Hand ▶

Mit einem Griff haben Sie den Happen zur Hand. Der Futterbeutel erspart lästiges Kramen in der Hosentasche, und Sie verpassen so auch nicht den richtigen Moment für die Belohnung.

DIE FÜTTERUNG

Fragen Sie zehn Leute nach der richtigen Fütterung eines Hundes, bekommen Sie elf verschiedene Meinungen. Die pauschal richtige Fütterung gibt es nicht. Der eine verträgt nur Dosennahrung, der andere problemlos jedes Trockenfutter, mancher nur eine bestimmte Marke, für wieder andere ist Rohfütterung das Beste. Lassen Sie sich also nicht aus der Ruhe bringen – weder ist Trockenfutter »schlecht« noch Rohfütterung die Lösung für gesundheitliche Probleme.

Futteransprüche

Der Welpe hat besondere Ansprüche an das richtige Verhältnis von Mineralstoffen. Vor allem bei sehr großwüchsigen Hunden wie etwa der Deutschen Dogge ist langsames Wachstum wichtig. Fragen Sie den Züchter oder Tierarzt, worauf Sie achten müssen. Auf jeden Fall sollten Sie schauen, dass das Futter sowie spezielle Belohnungshappen keine Farbstoffe enthalten und Konservierungsstoffe, wenn überhaupt, nur in geringen Mengen. Je weiter hinten die Konservierungsstoffe in der Zutatenliste stehen, umso geringer ist die enthaltene Menge.

VERDAUUNG

▶ Durch die Domestikation unterscheidet sich der Verdauungstrakt des Hundes von dem des Wolfs.

▶ Hunde können deshalb Stärke gut verdauen und sind keine reinen Fleischfresser. Daher kann im Fertigfutter durchaus Getreide enthalten sein. Aber nicht unbedingt an erster Stelle der Zutaten.

▶ Essensreste sollten Sie dem Welpen nicht geben. Aber Obst wie Beeren, Banane oder Apfel mögen viele Vierbeiner sehr gern.

DIE GESUNDHEIT

Kommt der Welpe aus einer guten Kinderstube, ist er rundum gesund, wenn Sie ihn abholen. Er ist nicht zu dick, aber auch nicht dünn, hat ein sauberes Hinterteil und einen weichen Bauch, der nicht aufgetrieben ist. Das Fell glänzt, und er ist fröhlich. Er wurde mehrmals entwurmt und einmal geimpft. Außerdem hat er einen Chip bekommen, dessen Nummer im Impfpass vermerkt ist. Nach etwa einer Woche Eingewöhnung zu Hause kann er hinaus ins Leben, auch wenn er erst eine Impfung hat und Sie ein wenig darauf achten sollten, wo und mit wem er sich »herumtreibt«.

Kinderkrankheiten

Da das Immunsystem einige Monate zur Reifung braucht, kann der Welpe sich die eine oder andere Kinderkrankheit einfangen. Betroffen können die Verdauung, aber auch Haut oder Augen sein. Aber keine Sorge – mit der Unterstützung Ihres Tierarztes ist der Spuk bald vorbei.

Etwas Vorsicht schadet nicht

Wenn Ihr Kleiner Kontakt zu Artgenossen hat, sollten diese gesund und geimpft sein. Das gilt auch, wenn Sie eine Welpengruppe besuchen. Erkundigen Sie sich, ob nur mindestens einmal geimpfte und gesunde Welpen teilnehmen dürfen. Vermeiden Sie Kontakt mit Vierbeinern, die ansteckende Erkrankungen wie etwa Husten oder Brechdurchfall haben. Zeitweise gehen solche Viren in kleinerem oder größerem Umkreis um. Vermeiden sollten Sie außerdem, dass Ihr Welpe mit Hunden zusammenkommt, die erst vor Kurzem aus dem Ausland von der Straße oder aus dortigen Tierheimen gekommen sind. Diese Hunde können Infektionskrankheiten übertragen.

Pflegemaßnahmen

Ein gut gepflegter Welpe fühlt sich wohl. Pflege vermeidet gesundheitliche Probleme und lässt schnell erkennen, wenn äußerlich etwas nicht in Ordnung ist.

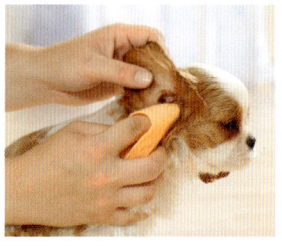

Ohren säubern

Vor allem bei Hängeohren ist es wichtig, den äußeren Gehörgang zu pflegen. Langes Fell rund um den Gehörgang halten Sie kurz. Mit einem feuchten weichen Lappen wischen Sie ihn sorgfältig aus. Verwenden Sie keine Wattestäbchen!

Krallen kürzen

Die richtige Länge haben die Krallen, wenn sie im Stehen den Boden nicht berühren. Bei kleinen Welpen kürzt man die Krallen mit einem Nagelknipser, bei größeren mit einer Krallenzange. Lassen Sie es sich von Ihrem Tierarzt zeigen.

Pfoten pflegen

Nach dem Spaziergang säubern Sie die Pfoten. Vor allem bei Matschwetter, wenn der Welpe auf gedüngten Wiesen unterwegs war und im Winter, falls er auf gesalzenem Boden läuft. Gegen Streusalz ist auch eine Pfotensalbe sinnvoll.

Augen säubern

Hat der Welpe geschlafen, kann es sein, dass sich im inneren Augenwinkel Sekret gesammelt hat. Das wischen Sie mit einem weichen feuchten Lappen in Richtung Schnauze weg. Bei Vierbeinern mit losen Augenlidern kann diese Pflege auch unabhängig von Schlafphasen notwendig sein.

Gebisskontrolle

Wenn Sie regelmäßig einen Blick auf das Gebiss des Welpen werfen, sehen Sie, wie der Zahnwechsel vorangeht und ob ein Zahn eventuell nicht ausfällt. Aber auch wenn sich mal ein Stückchen Holz irgendwo verkeilt hat oder sich sonstiger »Unrat« auf den Zähnen befindet, können Sie eingreifen.

Bürsten

Etwas Schmutz etwa nach einem Bindungsspaziergang lässt sich in trockenem Zustand ganz einfach aus dem Fell bürsten. Außerdem massiert gelegentliches sanftes Bürsten mit einer weichen Noppenbürste oder Ähnlichem die Haut des Welpen und wird so zum Wellnessprogramm für den Kleinen.

BINDUNG AUFBAUEN

Die Grundlage für ein gutes Zusammenleben zwischen dem Menschen und seinem Vierbeiner ist eine vertrauensvolle Bindung. Der Hund ist kein Einzelgänger, sondern in seiner Art auf ein Zusammenleben mit Sozialpartnern ausgerichtet. Zu denen gehören nun Sie und alle, die in Ihrem Haushalt leben. In der Natur übernimmt ein erfahrenes Tier die Führung in der Familie und sorgt so dafür, dass sich alle sicher und geborgen fühlen. Das wird nun für die Lebensdauer Ihres Vierbeiners Ihre Aufgabe sein. Doch was muss man dafür tun?

Grundbedürfnisse erfüllen

Zunächst gehört dazu, den Welpen gewissenhaft zu versorgen – Sie füttern ihn regelmäßig, sorgen für frisches Wasser und bieten ihm die Möglichkeit, sich zu lösen.

Zuwendung

Ganz wichtig ist natürlich die Zuwendung. Eine Bindung kann nur dann entstehen, wenn Sie und der Welpe viel Zeit miteinander verbringen. Dabei spielt aber die Gestaltung dieser Zeit eine größere Rolle als die Dauer.

Körperkontakt wie Streicheln, Kraulen, Miteinanderkuscheln oder auch die Fellpflege mit einer Noppenbürste (sofern der Welpe das genießt) stärken das Zusammengehörigkeitsgefühl. Ebenfalls bindungsfördernd ist Spielen. Wobei Spielen nicht nur Spaß, sondern auch Lernen bedeutet. Der Welpe lernt dabei zum Beispiel, wie »wild« er sein und inwieweit er seine Zähnchen gebrauchen darf. Das hat er auch schon im Umgang mit den Geschwistern und der Mutter ausprobieren können. Wobei hier so mancher Zweibeiner erst etwas Übung im Spiel mit dem Welpen braucht, um einzuschätzen, was und wie er am besten mit seinem Hundekind spielt. Wer selbst zu ungestüm spielt, darf sich nicht wundern, wenn auch der Kleine »übermotiviert« reagiert. Gemeinsame Unternehmungen wie Bindungsspaziergänge und das Erkunden von unbekannten Umgebungen oder auch Objekten

schweißen ebenfalls zusammen. Grundsätzlich stärkt all das die Zusammengehörigkeit, was der Welpe mit Ihnen gemeinsam erlebt und was ihm Spaß macht oder angenehm ist.

Sicherheit vermitteln

Ihr Welpe braucht Sie jetzt und auch in seinem späteren Leben als zuverlässigen Teamchef, auf den er sich immer verlassen kann und der alles im Griff hat. Das zeigen Sie ihm im täglichen Zusammenleben auf unterschiedliche Art und Weise. Gehen Sie nicht launisch mit ihm um. Das würde ihn verunsichern. Aber auch durch dauerndes »Betüddeln« oder zögerlichen Umgang vermitteln Sie ihm keine Sicherheit. Wenn Sie sich ihm gegenüber jedoch freundlich, aber bestimmt und ohne Hektik verhalten, wirken Sie souverän.

Unterstützen Sie Ihr Hundckind, wenn es mit einer Situation (Hundekontakt, Umweltreize) überfordert ist, jedoch ohne ihn durch Aufregung, Ängstlichkeit und Ähnliches noch mehr zu verunsichern. Hilfreich ist es, ihn aus der Situation zu nehmen und ihn beispielsweise vor einem »unpassenden« Artgenossen abzuschirmen und bei sich zu behalten. Gut ist es auch, ihn zu motivieren, mit Ihnen zusammen ein unbekanntes Objekt zu erkunden. Fühlt sich ein vorsichtiger Vierbeiner alleingelassen, wenn er überfordert ist, wird ihn das weiter verunsichern. Dann kann es sein, dass er flüchtet oder letztlich nach dem Motto »Angriff ist die beste Verteidigung« handelt. Grundsätzlich treffen Sie die Entscheidungen und weniger der Vierbeiner. Denn hat eine starke vierbeinige Persönlichkeit einen eher »schwachen« Zweibeiner an ihrer Seite, bekommt sie das Gefühl, selbst diejenige sein zu müssen, die alles regelt. Bei den Bindungsspaziergängen erlebt der Welpe durch seinen natürlichen Folgeinstinkt, dass er Sie nicht verliert, wenn er darauf achtet, wohin Sie gehen. Er richtet sich nach Ihnen und merkt, dass das gut für ihn ist. Andernfalls ist er plötzlich allein, und das ist ihm sehr unangenehm. Denn sein Instinkt sagt ihm, dass er nicht allein in der »Wildnis« zurechtkommt.

Regeln festlegen

Souveränität zeigt sich auch dadurch, dass Sie Regeln im Zusammenleben festlegen und freundlich-konsequent auf deren Einhaltung bestehen. Dazu kann gehören, dass zu bestimmten Zeiten Ruhe ist. Etwa wenn Sie am Schreibtisch arbeiten müssen. Die Dauer muss natürlich welpengerecht und daher anfangs noch relativ kurz sein. Eine andere Regel kann sein, dass Sofa und Bett tabu sind. Souveränität beweisen

Sie ebenfalls, wenn Sie nicht sogleich springen, sobald der Welpe etwas möchte (außer natürlich, wenn er »muss«). Bei Regeln ist es wichtig, dass alle in der Familie an einem Strang ziehen. Einmal hü und einmal hott versteht der Welpe nicht.

WICHTIGE BASICS

Wenn Sie wissen, wie Ihr Hundekind »denkt«, verstehen Sie sich gegenseitig besser. Denn viele Missverständnisse in der Erziehung liegen daran, dass der Hund nicht erkennen kann, was sein Mensch von ihm will.

Ihre Kommunikation

Setzen Sie Stimme und Körpersprache gezielt ein. Ruhe in der Stimme überträgt sich genauso auf Ihren Hund wie Hektik. Deshalb klingt ein »Sitz« ruhig, ein »Hier« dagegen motivierend und mitreißend. Ihre Körpersprache hat ebenfalls eine große Wirkung. Machen Sie sich klein, wirken Sie einladend auf den Welpen. Gehen Sie forsch auf ihn zu, bremsen Sie ihn, oder er weicht sogar zurück. Entfernen Sie sich rasch von ihm, animiert ihn das, Ihnen zu folgen. Auch Ihre Art, sich zu bewegen, kann der Welpe »lesen«. Ob angespannt, entspannt, souverän oder zögerlich – er erkennt auch feine Nuancen.

Unsere Sprache – ein Rätsel

Der Hund versteht unsere Sprache nicht. Ein typischer Fall ist das Kommen. Der Welpe läuft draußen herum, und der Zweibeiner ruft »Komm«. Vielleicht schaut der Welpe ihn an, weil er ihn gehört hat. Vielleicht kommt er auch oder biegt auf dem Weg zum Menschen wieder ab, weil ihn etwas ablenkt. Oder er macht mit dem weiter, was er gerade tut. Der Mensch wundert sich, warum der Hund nicht hört. Aber woher soll der Vierbeiner wissen, was »Komm« oder »Hier« bedeutet? Möchten Sie dem Welpen etwas beibringen, müssen sich in seinem Gehirn die richtigen Verknüpfungen bilden können. Nehmen wir als Beispiel das »Sitz«. Der Welpe weiß nicht, was es bedeutet. Also machen Sie etwas, wodurch der Welpe sich von selbst setzt, und sagen in dem Moment, in dem er sitzt, »Sitz«. Haben Sie das mehrmals gemacht, hat er das Sitzen mit dem Wort verknüpft. Erst jetzt kann er sich auf Ihr »Sitz« hinsetzen. Grundsätzlich macht ein Hund gern das wieder, was ihm nützt. Ein Nutzen ist etwa ein Futterhappen, Aufmerksamkeit oder das Vermeiden einer negativen Erfahrung.

Das Auflösen einer Übung

Im Alltag ist es wichtig, dass der Hund eine Übung so lange ausführt, wie Sie es möchten. Ein »Sitz« beispielsweise so lange, bis der Jogger an Ihnen beiden vorbei ist. Das lernt der Hund nur, wenn Sie ihm von Anfang an sagen, wann die Übung aus ist. Sie lassen ihn also sitzen, warten ein paar Momente und sagen dann mit einer »mitreißenden« Körperbewegung zum Beispiel »Fertig«. Bitte beachten: Das Auflösungssignal muss immer dasselbe Wort sein. Eine Übung ist aber auch dann beendet, wenn sich eine andere anschließt.

Die Belohnung

Anfangs gibt es beim Üben für jedes richtige Verhalten ein Häppchen. Hat der Welpe etwas besonders gut gemacht, gibt es mehrere Happen auf einmal. Kann er etwas sehr gut, gibt es etwa für ein einfaches »Sitz« nur noch ab und zu etwas. Auch Streicheln und eine lobende Stimme sind eine Belohnung. Punktuell genau lässt sich am besten mit Futter belohnen.

DIE SOZIALISIERUNG

Hundewelpen kommen blind und taub zur Welt. Nur den Geruchssinn und ein Gefühl für kalt und warm haben sie, was sie in der Wurfkiste stets zum Gesäuge, zur Mutter und den Geschwistern leitet. Außer trinken, schlafen und wachsen machen sie in den ersten vierzehn Lebenstagen kaum etwas.

Die Sozialisierungsphase

Ab Anfang der dritten Lebenswoche tut sich dann einiges. Die Augen öffnen sich langsam, und auch die anderen Sinne kommen in Gang. Außerdem werden die Welpen zunehmend mobiler. Die Gehirnentwicklung geht Hand in Hand mit der körperlichen Entwicklung. Die Kleinen registrieren jetzt nach und nach ihre Umwelt, erkunden sie und erkennen zum ersten Mal, wie ihre Mutter und die Geschwister aussehen. Die Sozialisierungsphase beginnt! Sie dauert ungefähr bis zum Ende der sechzehnten Lebenswoche. Das Gehirn ist in dieser Zeit ganz besonders lernwillig, und der Welpe saugt alles auf wie ein Schwamm. Alle Erfahrungen, die er jetzt macht, speichern sich nachhaltig in seinem Gehirn. In der Natur lernt ein Welpe in dieser Zeit überlebenswichtige Dinge. Dazu gehört, wie seine Artgenossen aussehen, wie man sich untereinander richtig verhält und wie seine Umgebung, in der er lebt, aussieht. Bei unseren Haushunden ist das nicht anders. Aber ihre Umgebung ist eine ganz andere als die eines Wildtieres. Außerdem ist auch der Mensch ein echter Sozialpartner.

Die Kinderstube

Eine große Bedeutung für die optimale Sozialisierung und somit einen guten Start ins Leben hat der Züchter. Sorgt er schon in den ersten acht Wochen dafür, dass der Welpe verschiedene Menschen positiv kennenlernt, ist das sehr viel wert. Wird der Welpe auch noch zumindest teilweise im Haus aufgezogen und hat draußen Erkundungsmöglichkeiten, bei denen er sich ein wenig ausprobieren kann, ist das für seine Entwicklung ebenfalls sehr gut.

Nun sind Sie dran

Sobald der Kleine bei Ihnen eingezogen ist, sind Sie für seine weitere Sozialisierung verantwortlich. Was Sie dem Hund alles zeigen, hängt davon ab, wie Sie leben und was Sie mit dem Vierbeiner vorhaben. Ein Familienhund wird relativ viel erleben – gemeinsame Ausflüge, Kinderbesuche, die eine oder andere Tour durch die Stadt, Besuche bei Freunden oder im Restaurant und vieles mehr. Da, wie schon gesagt, der junge Hund sich ein Bild von seinem Lebensraum macht, heißt das, dass Sie dem Welpen in den nächsten Wochen all das in altersgerechten »Häppchen« zeigen, was zu Ihrem Leben und somit auch zu seinem gehört. Also Kontakte zu verschiedenen Menschen, ein Familienausflug in die Pizzeria, ein Bummel in der Stadt. Oder etwa auch die Gewöhnung an einen Fahrradanhänger, falls die Familie gern Radtouren macht. Haben Sie Besonderes mit ihm vor, kann er das in geeigneter Form auch

als Welpe schon kennenlernen. Soll er Sie später etwa am Pferd begleiten, kann er bereits jetzt mit in den Stall, um diese Umgebung und ein entsprechend hundegewohntes Pferd kennenzulernen. Wer später zum Beispiel Agility machen möchte, kann den Welpen mit auf den Hundeplatz nehmen, damit er das Umfeld schon mal kennenlernt.

Angeborene Eigenschaften

Wie der Vierbeiner mit seiner Umgebung zurechtkommt, hängt jedoch nicht nur von der Sozialisierung und den dabei gemachten Erfahrungen ab, sondern auch von seiner angeborenen Grundveranlagung. So tut sich ein Welpe, der ein extrovertierteres Naturell und ein robustes Nervenkostüm hat und dazu Unbekanntem gegenüber recht offen ist, leichter als einer mit dünnhäutigem, vorsichtigem Wesen. Deshalb kann es bei einem Vierbeiner mit ausgeprägt schwachem Nervenkostüm durchaus der Fall sein, dass auch eine gute Sozialisierung keinen sicheren Hund aus ihm macht.

Auch rassespezifische Eigenschaften machen einen Teil des Hundes aus. So glaubt manch einer, dass ein Hund, bei dem beispielsweise jagdliche Eigenschaften einen hohen Stellenwert in der Zucht haben, diese quasi »vergisst«, wenn er anders sozialisiert wird und keinerlei Kontakt mit allem, was mit jagdlicher Arbeit zu tun hat, bekommt. Dem ist nicht so. Angeborene Eigenschaften lassen sich nicht »wegsozialisieren«. Deshalb ist es sehr wichtig, sich vor der Anschaffung darüber Gedanken zu machen, welcher Hund am besten zum eigenen Lebensumfeld passt. Wer die Möglichkeit hat, sollte sich außerdem die Eltern des Welpen anschauen. Dann kann man schon ein wenig abschätzen, was beim erwachsenen Hund an Eigenschaften zu erwarten ist.

Das sollten Sie wissen

Wer frischgebackener Welpenbesitzer ist oder kurz davor steht, einer zu werden, steht oft vor so mancher Frage. Gut, wenn man dann schnell den einen oder anderen Tipp zur Hand hat. So lösen sich viele Problemchen rasch in Luft auf, und der Harmonie zwischen Mensch und Hundekind steht nichts mehr im Weg.

MIT DEN KARTEN ÜBEN

Die Karten zum Thema Welpe decken viele Bereiche ab, und Sie bekommen so schon mal einen guten Überblick zu allem, was rund um das Hundekind wichtig ist. Dementsprechend sind auch die Themen der Karten vielfältig. Es gibt solche, die praktische Infos und Tipps zu einem Thema geben, wie beispielsweise zu Gesundheit, Fütterung oder Pflege. Auf der anderen Seite geht es darum, dem Welpen etwas zu vermitteln. Dazu gehören etwa die Gewöhnung an die Pflegemaßnahmen oder erste kleine Gehorsamsübungen. Auf diesen Übungskarten finden Sie Schritt-für-Schritt-Anleitungen.

Eine Fülle von Informationen

Wer Welpenanfänger ist, wird erstaunt sein, welche Flut an Informationen und Anleitungen auf einen zukommt, um möglichst stressarm durch die Monate der Welpenzeit zu kommen. Diese Fülle von Informationen kann sich kein Neuling sofort merken. Doch wer es in der Welpenzeit genau nimmt, der spart sich später die eine oder andere Mühe. Gerade bei den Übungen kommt es oft auf Feinheiten und den richtigen Ablauf an. Deshalb ist es gut, wenn Sie zu dem Thema, das Sie gerade interessiert, die entsprechende Karte nicht nur zu Beginn lesen. Holen Sie sie am besten immer dann aus der Kartenbox, wenn Sie sich mit dem betreffenden Thema beschäftigen, und lesen Sie sie nochmals durch, bevor Sie mit dem Welpen zu üben beginnen. So können sich keine Fehler einschleichen, die man später womöglich mit größerem Aufwand wieder korrigieren muss. Im folgenden Text finden Sie zu jeder Karte Hintergrundinfos und besondere Tipps zu dem Thema, das auf der Karte mit der entsprechenden Nummer zu finden ist.

1 | Verletzungen vermeiden

Typisch Welpe: Hundekinder probieren gern alles Mögliche aus und erkunden neugierig ihre Umgebung. Sie können aber noch nicht wirklich einschätzen, wo es gefährlich für sie wird.

Risiken vermeiden: Am besten versetzen Sie sich in Ihren Welpen und gehen aufmerksam durch Wohnung und Garten, um herauszufinden, wo sich der Welpe womöglich verletzen könnte. Je nach Größe gelangt ein Welpe auch auf einen Hocker oder Stuhl und von da aus weiter an Dinge, die seine Gesundheit gefährden können.

Auf der Karte finden Sie einige häufige Gefahrenquellen. Es kann aber sein, dass Sie noch andere für den Welpen gefährliche Stellen entdecken.

2 | Vergiftungen vermeiden

Typisch Welpe: Welpen neigen dazu, alles, was sie so finden, ins Mäulchen zu nehmen.

Risiken vermeiden: Jeder von uns hat zu Hause und im Garten alle möglichen Mittelchen herumstehen, wie beispielsweise Wasch- und Putzmittel, Schädlingsbekämpfungsmittel, Dünger, Medikamente und vieles mehr. Dazu kommen noch zwar schöne, aber eventuell auch giftige Pflanzen für das Hundekind. Verpackungen bieten leider auch keine Sicherheit, denn sie können zernagt werden. Gerät der Kleine an Chemikalien oder giftige Pflanzenteile, kann das schnell sehr gefährlich für den Welpen werden. Auch Lebensmittel können eine beträchtliche Gesundheitsgefahr für ihn darstellen. Vorbeugung ist auch hier der beste Weg.

3 | Möbel und Tiere schützen

Wertvolles schützen: Nicht nur der Welpe muss vor bestimmten Gefahren geschützt werden, sondern so manches, was einem lieb und teuer ist, muss auch vor dem Hundekind geschützt werden. Überlegen Sie, was in der Wohnung und im Garten seinen spitzen Zähnchen und seiner Kreativität nicht geopfert werden soll, und beugen Sie auch hier vor. Das erspart unnötiges Schimpfen mit dem Vierbeiner, was zudem schlecht für die Beziehung zu Ihnen wäre.

Allmählich an andere Heimtiere gewöhnen: Hunde bedeuten für Meerschweinchen & Co. zunächst einmal »Feind«. Deshalb neigen sie entweder zur Panik oder wehren sich. Mit etwas Umsicht lässt sich Stress für alle vermeiden.

4 | An die Box gewöhnen

Vorteile der Box: Eine Box ist für den Hund eine Art Höhle und gemütlicher Rückzugsort. Daran gewöhnt, bleibt er auch dann gern dort, wenn sie geschlossen ist. So können Sie den Welpen sicher darin »parken«, etwa wenn zu viel los ist oder Sie sich auf etwas anderes konzentrieren wollen, zum Beispiel um ein längeres Telefonat zu führen oder um ungestört die Wohnung zu saugen und vieles mehr.

Die Box vermeidet Überforderung: Entspannt in seiner Box zu dösen, ist für den Welpen einfacher und besser zu verkraften, als mittels »Befehl« auf seinem Bett bleiben zu müssen. Der Aufenthalt in der Box darf allerdings keine »Strafmaßnahme« sein, wenn Sie sich über den Welpen ärgern! Das würde Ihrem Hundekind die Box verleiden.

5 | Von Leine bis Hundebett

Halsband, Brustgeschirr, Leine: Da der Welpe noch wächst, müssen Halsband oder Brustgeschirr einfach, aber sicher in der Weite verstellbar sein.

Die Leine sollte so breit wie das Halsband und durch einen zweiten Karabinerhaken und Metallringe in der Länge zu verstellen sein. So lässt der Welpe sich bei Bedarf problemlos an einer Stelle festmachen.

Schlaf- und Ruheplatz: Trotz der Qual der Wahl stehen praktische Aspekte für das Welpen-Bettchen im Vordergrund. Wichtig ist, dass der Bezug leicht abziehbar ist und gewaschen werden kann. Das Bett muss so groß sein, dass das Hundekind die nächsten Monate ausgestreckt darauf Platz hat.

6 | An die Pflege gewöhnen

Helfen und pflegen: Leicht kann der Vierbeiner sich mal einen Dorn eintreten, eine Zecke im Fell haben oder sich ein Stöckchen zwischen den Zähnen verkeilen. Um dem Welpen zu helfen, müssen Sie ihn problemlos anfassen können. Aber auch alltägliche Dinge, wie etwa die Augenwinkel säubern oder das Fell bürsten, erfordern, dass der Hund das duldet.

Rechtzeitig an die Pflege gewöhnen: Dass sich der Welpe problemlos anfassen lässt, sollten Sie von Anfang an mit ihm üben. Je früher und regelmäßiger Ihr Hundekind die entsprechenden Handgriffe kennenlernt, umso selbstverständlicher werden sie für ihn bei der Pflegeroutine.

Wichtig: Achten Sie darauf, immer dann mit der Übung aufzuhören, wenn der Welpe sich noch ruhig verhält.

7 | Das richtige Spielzeug

Typisch Welpe: Wie die meisten Jungtiere sind auch Hundewelpen sehr verspielt. Hat der Welpe ein paar passende Spielzeuge, können Sie gemeinsam mit ihm spielen. Der Kleine kann sich aber auch selbst beschäftigen.
Spielen mit dem Welpen fördert außerdem die Bindung zwischen Ihnen beiden und trainiert darüber hinaus die Muskulatur und Koordination des Kleinen.
Empfehlenswertes Spielzeug: Kaufen Sie Spielzeug für Ihr Hundekind nur im Zoofachhandel. Achten Sie aber auch dann darauf, dass es keine Kleinteile enthält, die sich lösen oder abgeknabbert und verschluckt werden können. Ist das Spielzeug kaputt oder zu klein für den Welpen, tauschen Sie es aus.

8 | Futterumstellung

Gewohntes Futter: Gute Züchter machen ihre Welpen mit unterschiedlichen Futtervarianten vertraut, wobei meist aber eine Art der Fütterung überwiegt. In der Regel kennt das Hundekind jedoch sowohl Trockenfutter als auch Fleisch.
Sie haben die Wahl: Sie als Welpenkäufer können entscheiden, welche Art der Fütterung Ihnen am meisten zusagt. Gut ist es natürlich, wenn Sie beispielsweise das Trockenfutter des Züchters am Anfang weiterhin füttern. Daran ist der Kleine schließlich gewöhnt. Es spricht aber auch nichts dagegen, dass Sie das Welpen-Futter im Laufe der Zeit wechseln. Dabei sollten Sie jedoch nicht abrupt, sondern besser Schritt für Schritt vorgehen, damit der Organismus Ihres Hundekindes sich langsam umgewöhnen kann.

9 | Rund um die Mahlzeiten

Passendes Futter: Es gibt verschiedene Möglichkeiten, den Welpen zu füttern: mit Trockenfutter, Nassfutter (Dosenfutter) oder frisch selbst zubereitet (BARF). Wofür Sie sich entscheiden, hängt davon ab, was Ihr Hund am besten verträgt, wie viel Sie ausgeben möchten und welche Art zu füttern Ihnen am ehesten zusagt. Wichtig ist, dass das Futter auf den Nährstoffbedarf eines Welpen abgestimmt ist. Das teuerste Futter ist nicht automatisch für Ihren Hund das Beste. Das gilt auch für die Frischfütterung (BARF).

Frisches Wasser: Der Welpe muss immer Zugang zu frischem Wasser haben. Schauen Sie also regelmäßig in seinen Wassernapf, ob noch genügend zum Durststillen da ist.

10 | Gesunde Leckerchen

Selber backen: Viele Menschen backen gern. Warum also nicht mal für den vierbeinigen Liebling backen. Mittlerweile gibt es unzählige Rezepte für Hundeleckerchen – mit Fisch, mit Fleisch oder ohne Fleisch. So können Sie Leckerchen ganz nach dem Geschmack Ihres Hundekindes zusammenstellen und – je nach Rezept – auch gezielt solche Zutaten weglassen, die Ihr Kleiner womöglich nicht verträgt.

Nicht zu viel: Füttern Sie nicht zu viel von den verführerischen Leckerchen. Wenn möglich, zerkleinern Sie sie etwas. Zum Belohnen reichen kleine Stückchen, denn das Mäulchen des Welpen ist ja auch nicht gerade groß. Ziehen Sie aber die Menge der Leckerchen von der täglichen Futterration ab, sonst leidet Ihr Welpe innerhalb kurzer Zeit an Übergewicht.

11 | Impfen und Entwurmen

Gefährliche Krankheiten: Geimpft wird gegen Krankheiten, die ansteckend und zum Teil lebensgefährlich oder tödlich sind. Manche dieser Krankheiten sind durch Impfmüdigkeit und Importe aus Osteuropa wieder auf dem Vormarsch. Je nach Erkrankung kann der Hund sich bei Artgenossen, Wildtieren oder über verunreinigtes Wasser/Pfützen infizieren. Die Tollwut kann auch auf den Mensch übertragen werden.

Würmer: Hunde können sich mit Spul-, Haken- und diversen Bandwurmarten infizieren. Sie sind auf den Mensch übertragbar. Hunde infizieren sich über das Fressen von infiziertem Kot oder Mäusen. Entwurmen ist ratsam, der Hund kann sich aber am Tag nach der Wurmkur bereits erneut anstecken.

12 | Medizin und Bewegung

Medikamente verabreichen: Natürlich kann auch ein Welpe krank werden und entsprechende Medikamente brauchen. Bekommt er sie nicht in Form einer einmaligen Gabe des Medikaments oder einer Spritze durch den Tierarzt, müssen Sie sie ihm geben. Das kann bisweilen anstrengend sein. Bleiben Sie trotzdem stets ruhig dabei, aber bestimmt. Jede Hektik wäre kontraproduktiv.

Welpengerechte Bewegung: Viele Welpen werden durch Spaziergänge, sogar Wanderungen, Bällchen werfen und Ähnlichem völlig überfordert. Ihre Knochen und Bänder sind jedoch extremen und einseitigen Bewegungsabläufen und Belastungen nicht gewachsen. Vermeiden Sie spätere Gesundheitsschäden durch welpengerechte Bewegung.

13 | Die Verdauung

Durchfall: Er kann bei Welpen schnell zur Austrocknung führen. Gehen Sie deshalb im Zweifelsfall lieber einmal zu viel zum Tierarzt. Auslöser können Viren sein, aber auch Bakterien. Doch der Welpe kann auch einfach einmal etwas nicht vertragen haben. Eine plötzliche Futterumstellung beispielsweise oder zu viele verschiedene Belohnungshappen oder ungewohnte Kauartikel können eine Ursache sein. Auch Parasitenbefall führt zu Durchfall.

Verstopfung: Sie kommt bei Welpen nicht so häufig vor, kann aber durch Fütterungsfehler oder die Aufnahme von stopfenden Nahrungsmitteln entstehen. Auch hier ist im Zweifelsfall ein Besuch beim Tierarzt angesagt.

14 | Von Augen bis Pfoten

Augen, Ohren und Haut kontrollieren: Schauen Sie sich regelmäßig Augen, Ohren und Haut Ihres Welpen an. Eitriger Ausfluss aus den Augen, häufiges Schütteln des Kopfes und Hautausschläge sind typische Symptome, wenn etwas nicht in Ordnung ist. Manche Beschwerden sind zwar unangenehm, aber glücklicherweise oft nur »Welpenzipperlein«, die bald wieder vorüber sind. Die Handgriffe der Körperpflegemaßnahmen helfen Ihnen bei der Kontrolle gut, sobald der Welpe sie gewohnt ist (→ An die Pflege gewöhnen, Karte 6).

Pfotenkontrolle: Sie sollten die Krallen Ihres Welpen im Auge behalten. Außerdem kann je nach Untergrund, auf dem der Welpe draußen vorwiegend unterwegs ist, etwas Pfotenpflege nötig sein.

15 | Zahnwechsel

Die Milchzähne: Sie brechen beim Welpen zwischen der dritten und sechsten Lebenswoche nach und nach durch. Das Milchgebiss besteht aus 28 Zähnen (im Unter- und Oberkiefer je 6 Schneidezähne, 2 Fangzähne und 6 Backenzähne), die ziemlich spitz sind, wie Sie sicher beim Spielen bemerken. Im vierten Lebensmonat beginnt der Zahnwechsel. Er dauert eine Zeit lang, sodass das bleibende Gebiss erst im Alter von etwa sieben Monaten komplett ist.

Das bleibende Gebiss: Es besteht aus insgesamt 42 Zähnen. Während das Milchgebiss 12 Backenzähne umfasst, sind es beim bleibenden Gebiss jetzt jedoch 26 Backenzähne – genauer gesagt 14 unten und 12 oben.

16 | Besuch beim Tierarzt

Ein guter Tierarzt: Er ist Gold wert. Neben routinemäßigen Besuchen wie zum Impfen oder Entwurmen kann auch mal etwas Schlimmeres sein – dann nicht selten gerade am Wochenende oder an einem Feiertag. Schön, wenn Ihr Tierarzt Ihnen auch in diesen Situationen weiterhelfen kann.

Positive Erfahrung ermöglichen: Bevor Sie mit Ihrem Welpen zum Beispiel einen Impftermin wahrnehmen, ist es gut, wenn der Welpe den Tierarzt schon einmal positiv kennengelernt hat. So wird der erste Praxisbesuch nicht gleich zu einem womöglich prägenden negativen Erlebnis. Wobei Welpen hier unterschiedlich sind. Manche finden den Tierarzt trotz einer Spritze oder gar einer Operation immer noch super, bei anderen reicht schon der Praxisgeruch, um sich zu fürchten.

17 | Körperkontakt

Geborgenheit: Ab seiner Geburt sorgt Kuscheln mit Mutter und Geschwistern beim Hund für Geborgenheit und das wichtige Urvertrauen. Berührungen stärken das Zusammengehörigkeitsgefühl. Körperkontakt ist daher auch zwischen Welpe und Mensch sehr wichtig.

Erziehung und Spiel: Aber schon die Mutterhündin setzt Körperkontakt auch erzieherisch ein. Zum Beispiel, wenn der Welpe sich gegen ihre Pflege wehrt, die Hündin ihn jedoch unbeeindruckt in Position bringt. Oder sie dem Kleinen einen Stoß mit der Schnauze versetzt, wenn er respektlos war. Beim Spielen mit den Geschwistern oder anderen Welpen geht es oft wild zu. Da wird gerempelt oder sich ins Fell gezwickt.

18 | Bindungsspaziergänge

Entspannt unterwegs: Wie stellen Sie sich Spaziergänge mit Ihrem schließlich erwachsenen Vierbeiner eher vor? Ihr Hund soll von sich aus in der Nähe bleiben und immer schauen, dass er den Anschluss an Sie nicht verliert. Oder: Sie müssen stets schauen, wo der Hund sich gerade befindet und ob er nicht seiner eigenen Wege geht.

Mit kleinen Spaziergängen beginnen: Sollte Ihnen die erste Variante mehr zusagen, legen Sie schon im Welpenalter den Grundstein für zukünftig entspannte Spaziergänge mit Ihrem Vierbeiner. Denn jetzt – im Welpenalter – hat der Kleine noch einen natürlichen Folgeinstinkt, den Sie sich auf kleinen strukturierten Bindungsspaziergängen wunderbar zunutze machen können.

19 | Spielen ohne Gegenstand

Welpenrangeln: Welpen spielen untereinander meistens ohne Gegenstände. Da wird geschubst, belauert, herumgekugelt, verfolgt und vieles mehr. Zwickt einer zu fest oder ist zu wild, wehrt der andere sich oder spielt nicht mehr mit.
Lernen: Welpen lernen im Spiel mit Gleichaltrigen, dass es Grenzen gibt. Also ist Lernen ein wichtiger Aspekt im Spiel miteinander. Genauso ist es, wenn Sie mit dem Welpen in ähnlicher Art und Weise spielen. Jedoch sind Sie kein Welpe und wissen deshalb, wie man »richtig« spielt – eben nicht zu grob und auch nicht zu wild. Das vermitteln Sie nun Ihrem Hundekind. So ist lästiges Zwicken und Ähnliches seitens des Welpen bald kein Thema mehr.

20 | Zerrspiele

Beutespiel: Zerrspiele sind Rangeleien um eine »Beute«. Bei einem Familienhund ist es aber nicht das Ziel, ihm beizubringen, dass er letztlich der Sieger ist und die Beute bekommt, wenn er mit aller Macht und lange genug an der Beute zerrt. Vielmehr geht es um das Ziehen an sich, das zum Beispiel erst dann wieder losgeht, wenn Ihnen der Welpe das Spielzeug vorher überlassen hat.
Charakter: Sanfte, kooperative Welpen dürfen auch mal Sieger im Beutewettbewerb sein. Aber ob Zerrspiele grundsätzlich das Richtige für Ihren kleinen Vierbeiner sind, hängt vor allem davon ab, ob er eher zur Sorte der passionierten »Beutegeier« gehört oder doch lieber nach dem Motto »Geben und Nehmen« agiert.

21 | Suchspiele

Hunde sind Nasentiere: Der Geruchssinn ist von all seinen Sinnen beim Hund am besten ausgeprägt. Er funktioniert im Gegensatz zum Sehen und Hören auch schon von Geburt an. Mithilfe des Geruchssinns (und dem Gespür für Temperatur-unterschiede) findet der noch blinde und taube Welpe in der Wurfkiste seine Mutter, die Geschwister und die mütterliche Milchbar. Daher sind Suchspiele eine sehr gute Möglichkeit, den Welpen zu beschäftigen.

Bindung fördern: Wie bei allem, was dem Welpen Spaß macht und was er mit Ihnen zusammen macht, fördern auch Suchspiele die Bindung und das Vertrauen zwischen dem Hundekind und Ihnen.

22 | Den Namen lernen

Kurze Namen: Gut geeignet sind Namen, die aus zwei Silben bestehen, zum Beispiel Kira. Sie sind weder zu kurz noch zu lang und lassen sich gut betonen.

Positive Aufmerksamkeit: Um seinen Namen zu lernen, muss der Welpe ihn mit etwas Positivem verknüpfen. Zweck des Hundenamens ist, die Aufmerksamkeit des Welpen zu wecken, wenn man anschließend etwa mit ihm spielen möchte oder mit ihm in die Küche geht, um das Futter zuzubereiten.

Der Name bleibt: Ändern Sie während des Hundelebens nicht den Namen, den Sie zu Beginn ausgesucht haben. Wenn Ihr Welpe eine Ahnentafel und somit schon vom Züchter einen Namen bekommen hat, tut das jedoch nichts zur Sache. Denn diesen Namen kennt der Welpe nicht.

23 | Stubenrein, angepasst

Stubenrein von Anfang an: Dass das Hunde-WC draußen ist, lernt der Welpe vom ersten Tag an, nicht erst, wenn er sich eingewöhnt hat. Aber das überfordert ihn nicht.

Nicht schimpfen: Das eine oder andere Malheur im Haus passiert sicher. Schimpfen Sie den Welpen nie! Er würde es nicht verstehen und sich schlimmstenfalls gar nicht mehr trauen, sich zu lösen.

Sich anpassen: Nicht immer steht der Vierbeiner im Mittelpunkt. Sie möchten beispielsweise in Ruhe essen, oder Sie lernen gerade mit den Kindern. Dass es dann auch mal langweilig ist, muss er Welpe erst lernen. Ruhigere Welpen passen sich schneller an als temperamentvolle. Bleiben Sie dran.

24 | Der Rückruf

Eine wichtige Lektion: Dass Ihr Vierbeiner auf Ruf sofort zu Ihnen kommt, gehört sozusagen zu den Hauptfächern Ihres Welpenunterrichts. Das zuverlässige Kommen erspart so manche unangenehme oder gefährliche Situation. Deshalb gilt auch: Wer zuverlässig kommt, hat mehr Freiheiten. Ihr Hund darf öfters ohne Leine laufen.

Schritt für Schritt: Das A und O für diese Übung ist der schrittweise, systematische Aufbau. Nur so kann der Welpe das Richtige in seinem Gehirn verknüpfen. Das erfordert natürlich Planung und Zeit. Aber im weiteren Zusammenleben mit dem Vierbeiner werden Sie sehen, dass sich die Investition gelohnt hat. Das Signal mit der Hundepfeife muss übrigens ebenso wie das verbale Signal eingeübt werden.

25 | »Sitz« und »Platz«

Im Alltag nützlich: Diese beiden Grundübungen brauchen Sie immer wieder. Sei es zu Hause, zum Beispiel wenn ein Handwerker kommt, oder unterwegs beim Warten am Straßenrand. Beides lernt schon der Welpe mühelos. Natürlich auf einem seinem Alter entsprechenden Level. Aber ist der Grundstein erst einmal gelegt, können Sie später problemlos auf dem Gelernten aufbauen.

Schmackhafte Belohnung: Wichtig für das Gelingen der Übungen sind leckere Belohnungshappen. Der Kleine sollte aber nicht gleich überdrehen, wenn er die Happen sieht, muss sie aber so gern mögen, dass er sich dafür anstrengen will und nicht aufgibt, wenn er den Happen nicht gleich bekommt.

26 | Warten vor dem Napf

Beherrschung lernen: Nicht immer kann der Hund das tun, was er im Moment gerade möchte. Daher ist es wichtig, dass er lernt, sich zu beherrschen. Eine erste Übung dafür ist das Warten vor dem vollen Futternapf. Die Belohnung für die Wartezeit ist dann Ihre Freigabe durch das Auflösungshörzeichen (→ Seite 18). Steigern Sie die Wartezeit für Ihr Hundekind entsprechend langsam. Einem ruhigen Vertreter fällt die Übung leichter als einem »Temperamentsbolzen«.

Praktischer Vorteil: Das Warten vor dem Futternapf garantiert einen gesitteten Fütterungsablauf. Diese Übung verhindert, dass der kleine »Wilde« sich schon während Sie den Napf hinstellen wollen auf und in den Napf stürzt und dieser dann womöglich zu Boden fällt.

27 | Allein bleiben

Übungsvorbereitung: Bevor Sie das Alleinbleiben mit Ihrem Welpen üben, sollte Ihr Hundekind gespielt und sich gelöst haben. So ist es ausgeglichen und müde.

Selbstverständlichkeit: Alleinbleiben soll für den Hund normal sein. Verzichten Sie auf Verabschiedungs- oder Begrüßungszeremonien und Lob. Das verursacht unnötige Unruhe.

Kleine Schritte: Welpen, die sehr an ihrer Bezugsperson »kleben«, üben erst eine Zeit lang, innerhalb der Wohnung »allein« zu bleiben. Gehen Sie etwa ins Bad und lassen Sie den Welpen draußen. Legen Sie den Hund zum Alleinbleiben nicht mit einem »Bleib« auf seinem Bett ab – es wäre zu viel verlangt, die ganze Zeit dort auszuharren!

28 | Clickertraining

Punktgenau loben: Das »Click« mit dem Clicker bedeutet »Gut gemacht, hol dir deinen Happen«. Der Vorteil liegt darin, dass Sie mit dem Clicker punktgenau belohnen können. Beispielsweise auch dann, wenn Sie sich nicht neben dem Hund befinden oder er in dem Moment gar kein Häppchen nehmen konnte, weil er zum Beispiel mit der Nase etwas anstupsen soll.

Abwechslungsreich: Ist der Einstieg geschafft, lassen sich mit dem Clickertraining später verschiedenste Tricks einüben. Theoretisch könnte man statt des »Clicks« auch ein bestimmtes Wort sagen. Doch einerseits klingt der Clicker wesentlich markanter, und andererseits besteht das Risiko, dass man das gewählte Wort auch in anderen Situationen zum Hund sagt.

29 | Menschen kennenlernen

Im Alltag: Da die meisten von uns in dichter besiedelten Gebieten des Landes leben, trifft man überall auf verschiedene Menschen. Diese sollten für den Hund keinen Stress bedeuten. Deshalb ist es wichtig, ihn in der Sozialisierungsphase (bis Ende der 16./18. Lebenswoche) mit einer großen Bandbreite von unterschiedlichsten Personen vertraut zu machen.

Positive Erfahrungen: Ideal ist es, wenn der Hund den Menschen an sich als etwas Positives sieht und weder ängstlich noch misstrauisch auf fremde Zweibeiner reagiert. Ob das jedoch so ist, hängt sowohl von der angeborenen Veranlagung des Hundes ab, wie auch von seinen Erfahrungen. Positive Erfahrungen können Sie Ihrem Welpen gezielt vermitteln.

30 | Menschen kennenlernen

Verschiedene Situationen: Da niemand alle »menschlichen Erscheinungsformen« im direkten Umfeld hat, sollten Sie, soweit möglich, gezielt in Bereiche gehen, wo der Welpe Kontakte zu entsprechenden Personen bekommen kann. Setzen Sie sich zum Beispiel mit ihm auf eine Bank in der Fußgängerzone – natürlich nicht gerade dann, wenn dort Hochbetrieb herrscht. Lassen Sie Ihren kleinen Vierbeiner aber nicht von Fremden füttern, sonst bettelt er später jeden an.

Nicht überfordern: Natürlich darf der Kleine nicht überfordert werden. Er sollte zwar nicht zu wenig Kontakt zu anderen Menschen haben, jedoch gezielte Zusammentreffen in Ihrem Beisein. Wenn Sie dabei das Naturell Ihres Welpen berücksichtigen, kann nichts schiefgehen.

31 | Kontakt zu Artgenossen

Hundebegegnungen: Auch Vierbeiner sehen äußerst unterschiedlich aus. Lernt der Welpe verschiedene Hunde kennen, gibt ihm das Sicherheit im Umgang mit seinesgleichen. Doch Vorsicht – der Welpe ist körperlich noch nicht so stabil, dass Sie ihn sorglos mit jedem Vierbeiner frei laufen lassen können! Wollen Sie zu einem anderen Hund keinen Kontakt, leinen Sie den Welpen an.

Welpenschutz: Dass ein Welpe bei erwachsenen Artgenossen einen besonderen Schutz genießt, gilt in der Natur nur im eigenen Rudel. Ihr Welpe trifft unterwegs aber fremde Vierbeiner. Seien Sie nicht ängstlich, aber lassen Sie bei Begegnungen mit erwachsenen Hunden eine gesunde Vorsicht walten.

32 | Kontakt zu Artgenossen

Hundeknigge: Mit etwas Umsicht lassen sich ungute Hundebegegnungen vermeiden. Eine wichtige Regel heißt: Kein Kontakt an der Leine. Hunde sind nicht grundlos angeleint. Sie können krank, unverträglich, ängstlich oder, wie Ihr Welpe, auch zu klein für einen Kontakt sein. Deshalb sollte jeder seinen eigenen Hund bei sich behalten, wenn er einen angeleinten sieht. Leinen Sie Ihren Welpen keinesfalls ab, nur weil ein frei laufender Hund zu Ihnen kommt!

Welpengruppen: Wenn Sie vorhaben, eine Welpengruppe zu besuchen, schauen Sie sich am besten vorher ein paar verschiedene Gruppen ohne Ihr Hundekind an. Es gibt große Unterschiede. Doch nur eine gut geführte Welpengruppe bringt Ihnen und Ihrem kleinen Vierbeiner etwas.

33 | Optische Reize

Auffällige Reize: Unsere Umwelt ist voller optischer Erscheinungen. Manche fallen dem Welpen besonders auf. Etwa eine Mülltonne, die an einer Stelle steht, wo sonst keine steht. Oder ein farbiger Hydrant oder ein flatterndes Band irgendwo.
Heranführen: Gewöhnen Sie den Welpen an unbekannte Objekte, damit ihn solche Dinge nicht aus der Ruhe bringen. Fällt Ihnen irgendwo ein Objekt auf, das auffällig sein könnte, gehen Sie mit Ihrem Hundekind dorthin. Je mehr der Welpe es als ungefährlich abhakt, umso besser ist es. Je nach angeborenem Nervenkostüm reagiert nicht jeder Welpe gleichermaßen darauf. Oft kommt es auch erst im Junghundealter zu besonders sensiblen Phasen.

34 | Fremde Untergründe

»Unheimliche« Fußböden: Glatte, spiegelnde Böden, Treppen draußen und drinnen und Ähnliches umgeben uns. Bietet der Züchter den Welpen einen »Abenteuerspielplatz«, konnten die Kleinen schon vieles ausprobieren und entsprechende Erfahrungen sammeln.
Mut machen: Je nach Veranlagung und Erfahrungen geht Ihr Welpe entweder unbeeindruckt über alle Böden, oder er ist vorsichtig. Zeigen Sie ihm verschiedenste Boden-Arten und belohnen Sie ihn, wenn er sich auf einen ihm suspekten Untergrund traut.
Treppen: Der Welpe darf noch nicht täglich viele Stufen laufen. Doch um die Koordination seiner Beine auf Treppen zu üben, sollte er diverse Arten von Treppen kennenlernen.

35 | An Geräusche gewöhnen

Laute Umgebung: Zu unserem Leben gehören viele Geräusche – Verkehrslärm, Baustellenlärm, ratternde Rollläden und vieles mehr. Das meiste davon ist für Ihren Welpen neu. Wurde er aber beim Züchter zumindest zum Teil im Haus aufgezogen, kennt er Dinge wie Telefon und Staubsauger schon.
Veranlagung: Manche Hunde sind vollkommen geräuschunempfindlich, andere ohne schlechte Erfahrungen ausgesprochen schreckhaft. Berücksichtigen Sie das bei der Gewöhnung.
Nicht immer planbar: Viele Geräusche kommen plötzlich. Bleiben Sie dann immer locker und entspannt und lenken Sie den Welpen mit einem Spiel oder Happen, die er im Gras suchen darf, oder Ähnlichem ab.

36 | Ausflug in die Stadt

Eine Fülle an Reizen: Ein Ausflug in die Stadt bietet eine Menge Eindrücke für den Welpen – verschiedenste Menschen, Untergründe und optische Dinge. Für Welpen, die in der Stadt aufwachsen, ist das von Anfang an der Normalzustand.
Gezielte Ausflüge: Wer am Stadtrand oder auf dem Land wohnt, sollte den Welpen gezielt mit dem Stadtleben vertraut machen. Das erspart Zwei- und Vierbeinern Stress, wenn der Hund Sie später beim Stadtbummel begleitet.
Dosierung beachten: Unternehmungslustige, extrovertierte Welpen sind belastbarer als ein eher vorsichtiges, zurückhaltendes Hundekind. Planen Sie deshalb Stadtausflüge mit Ihrem Welpen entsprechend so, dass sie keine Belastung für ihn darstellen.

ALLE KARTEN IM ÜBERBLICK

Auf einen Blick: In dieser Übersicht finden Sie alle Anleitungen der sieben Kategorien mit den Nummern der Karten.

Ein sicheres Zuhause

1 Verletzungen vermeiden

2 Vergiftungen vermeiden

3 Möbel und Tiere schützen

Die richtige Ausstattung

4 An die Box gewöhnen

5 Von Leine bis Hundebett

6 An die Pflege gewöhnen

7 Das richtige Spielzeug

Ausgewogene Ernährung

8 Futterumstellung

9 Rund um die Mahlzeiten

10 Gesunde Leckerchen

Rund um die Gesundheit

11 Impfen und Entwurmen

12 Medizin und Bewegung

13 Die Verdauung

14 Von Augen bis Pfoten

15 Zahnwechsel

16 Besuch beim Tierarzt

Rund ums Welpenleben

Bindung aufbauen

Wichtige Basics

Erfolgreiche Sozialisierung

Register

Die Zahlen verweisen auf Seitenzahlen im Begleitbuch, **halbfett** gesetzte Seitenzahlen auf Abbildungen. U = Umschlagseite

Register

Adressen

Fédération Cynologique Internationale (FCI), Place Albert 1er, 13, B-6530 Thuin, www.fci.be

Verband für das Deutsche Hundewesen e. V. (VDH), Westfalendamm 174, 44141 Dortmund, www.vdh.de

Österreichischer Kynologenverband (ÖKV), Siegfried-Marcus-Str. 7, A-2362 Biedermannsdorf, www.oekv.at

Schweizerische Kynologische Gesellschaft (SKG/SCS), Brunnmattstr. 24, CH-3007 Bern, www.skg.ch

Deutscher Tierschutzbund e. V., In der Raste 10, 53115 Bonn, www.tierschutzbund.de

Österreichischer Tierschutzverein, Berlagasse 36, A-1210 Wien, www.tierschutzverein.at

Schweizer Tierschutz (STS), Dornacherstr. 101, CH-4008 Basel, www.tierschutz.com

Deutscher Hundesportverband e. V., Vosshoveler Str. 9 a, 46485 Wesel, www.dhv-hundesport.de

TASSO– Haustierzentralregister für die Bundesrepublik Deutschland e. V., Otto-Volger Str., 15, 65843 Sulzbach/Ts. www.tasso.net

Literatur

Schlegl-Kofler, K.: **Welpen-Erziehung.** Gräfe und Unzer Verlag, München

Schlegl-Kofler, K.: **Hunde-Clickertraining.** Gräfe und Unzer Verlag, München

Schlegl-Kofler, K.: **Rückruf-Training für Hunde.** Gräfe und Unzer Verlag, München

Internet

wwww.hunde.com
www.hundewelt.at
www.stadthunde.com
www.spass-mit-hund.de
www.tierklinik.de
www.giftpflanzen.ch

Wichtiger Hinweis

Die Daten und Fakten dieses Buches wurden mit äußerster Sorgfalt recherchiert und geprüft. Dennoch kann eine Garantie nicht übernommen werden. Eine Haftung des Verlages für Personen-, Sach- und Vermögensschäden ist ausgeschlossen.

Die werden Sie auch lieben.

Die Autorin

Katharina Schlegl-Kofler beschäftigt sich seit vielen Jahren mit der artgerechten Haltung von Hunden. In ihrer Hundeschule, die die sachkundegeprüfte Hundetrainerin seit mehr als 20 Jahren erfolgreich führt, finden Hundehalter fundierten Rat und Hilfestellung.

Bildnachweis und Impressum

Die Fotos zu dieser Box stammen von: **Alamy:** Karte 34 VS, 34 RS; **M. Brauner:** Karte 10 VS, 10 RS; **Th. Brodmann:** Karte 33 RS; **T. Drewka:** Karte 21 RS; **P. Ender:** Buch 8-1, 8-2, 9-1, 9-2, 12-2, U3-4; **GettyImages:** Karte 2 VS, 3 VS, 8 VS, 9 VS, 17 RS, 19 RS, 23 RS, 30 VS, 30 RS re., 32 RS, 33 VS, 36 VS, 36 RS; **O. Giel:** Buch 4, 12-1, 12-3, 13-1, 20, 21, U2-1, U2-2, U2-4, U3-1, U3-2, U3-3; Karte 1 VS, 1 RS, 5 VS, 5 RS, 6 RS, 7 RS (2), 12 VS, 15 RS, 23 VS, 25 VS, 25 RS, 30 RS li; **R. Kuhn:** Buch 13-2; **Privat:** S. 48; **Shutterstock:** Karte 6 VS, 9 RS, 11 VS, 11 RS; **Chr. Steimer:** Karte 29 RS, 35 VS; **Trio Bildagentur:** Buch 13-3, 15, 16, 18, 22, U2-3; Karte 2 RS, 3 RS, 4 VS, 4 RS, 7 VS, 8 RS, 12 RS, 13 VS, 13 RS, 14 VS, 14 RS, 15 VS, 16 VS, 16 RS, 17 VS, 18 VS, 18 RS, 19 VS, 20 VS, 20 RS, 21 VS, 22 VS, 22 RS, 24 VS, 24 RS, 26 VS, 26 RS, 27 VS, 27 RS, 28 VS, 28 RS, 29 VS, 31 VS, 31, RS, 32 VS, 35 RS; **Plainpicture/Isabella Ståhl:** Cover Box und Buch, Buch 1.

© 2018 Grafe und Unzer Verlag GmbH, München.
Alle Rechte vorbehalten. Nachdruck, auch auszugsweise, sowie Verbreitung durch Bild, Funk, Fernsehen und Internet, durch fotomechanische Wiedergabe, Tonträger und Datenverarbeitungssysteme jeder Art nur mit schriftlicher Genehmigung des Verlages.
Projektleitung: Anita Zellner
Lektorat: Gabriele Linke-Grün
Bildredaktion: Petra Ender
Layout: H. Bornemann Design
Umschlaggestaltung: Independent Medien-Design, Horst Moser, München
Satz: Ludger Vorfeld
Produktion: Mendy Willerich
Repro: Longo AG, Bozen
Printed in China
ISBN 978-3-8338-6642-5
1. Auflage 2018

 www.facebook.com/gu.verlag

GRÄFE
UND
UNZER

Ein Unternehmen der
GANSKE VERLAGSGRUPPE